如果动物也有
朋友圈

水中动物

知舟 著

北京理工大学出版社
BEIJING INSTITUTE OF TECHNOLOGY PRESS

用图文并茂来形容《如果动物也有朋友圈》这套书，是远远不够的。适合青少年阅读的书，一是故事性，二是趣味性，三是文学性，三者有机融合，才算优秀童书。从这个角度看，这套书做到了，作者独具匠心，构思奇特，形式奇巧，内容奇妙，科学与文学结合得浑然天成，用生动活泼的文学语言书写鲜为人知的动物知识，值得高度关注和热忱点赞。

——动物小说大王　沈石溪

儿童对于自然的好奇是与生俱来的，而在大自然的万事万物中，动物因其可爱奇特、好动有趣，是最让儿童感兴趣的。

这是一套好玩的书。不管是文风还是画风都让人忍俊不禁，我在书稿的阅读中，多次忍不住笑出声来。在动物的朋友圈中，有人晒颜值，有人晒获奖，有人晒绝技，有人晒娃；有人点赞，有人评论，生动鲜活，犹如我们人类的朋友圈，有叱咤风云的"大哥风"，有叛逆热血的"中二风"，有萌萌哒的"可爱风"，等等。

这是一套知识极其丰富的书。从地上跑的到天上飞的，从水里游的到地下打洞的，囊括了形形色色的小动物。动物们晒圈晒出了自己最重要的特点，孩子可以快速了解小动物。这种典型的微科普，非常符合孩子的认知规律。

这是一套培养孩子科学精神的书。这套书带着孩子们上天、入地、下海，探索大自然各种生命的奥秘，培养孩子的探索精神。书中大量使用悬念设问的方式，激发和守护孩子的好奇心，又不时打破坊间一些常见的错误认识，培养孩子独立思考的意识和质疑精神。对小动物拟人化的描述，有的勇敢、有的乐观、有的谨慎、有的顽强……科学的态度和人格精神也潜移默化地传递给了孩子们。

这套书稿，我真的是爱不释手。孩子，这套书可以是你的玩伴，也可以作为你手边查询的工具书，还可以作为你训练科学表达的讲解手册。

——北京自然博物馆科普教育部　高源

目 录

海中巨兽茶话会（4）

鲸中大侠

兄弟们，据可靠消息，一群虎鲸正往咱们这片海域来啦。

海洋大巨头

这帮家伙又来捣乱了，家里有小孩的一定要看好啦！

鲸中大侠

@动物界一哥 老大，这次虎鲸来了，咱们一起收拾它们。它们实在太嚣张啦。

动物界一哥

虎鲸我倒是不担心，我担心的是人类的捕鲸船。那些钢铁大家伙也朝我们这边来了。

动物界一哥

不知道这次又会有多少鲸丧生在捕鲸人的手里。

海洋大巨头

说起这个气就不打一处来。咱们鲸对人类那么友好。咱们拿他们当朋友，他们拿咱们当吃的。

鲸中大侠

说多了都是泪，去年我的一个好兄弟就是被人类捕走的。

海洋大巨头

不光捕鲸船。人类肆无忌惮地往海洋中丢各种垃圾也挺致命的。我家族里的一个大姐，前几天一直肚子疼。看过医生后，发现肚子里有好多人类丢弃在海洋中的塑料袋、渔网，恐怕也活不久啦！

动物界一哥

所以啊，比起那帮虎鲸，我更害怕人类的捕鲸船。

鲸中大侠

其实也不光咱们鲸受罪。前些日子我远远看到一只海龟，头上长着一根细棒子。我还以为是一只从没见过的海龟呢？走近一看，你们猜是怎么回事儿？

动物界一哥

怎么回事儿?

鲸中大侠

是一根吸管插在那海龟的鼻孔里啦。我有心帮帮他,可也不知道该怎么帮。唉,看着心酸,难受。

海洋大巨头

@海洋科学家 你咋不说话?

海洋科学家

这个……我正和人类一起搞一个科研项目,你叫我说什么呢?

鲸中大侠

用到咱们就朝前,用不到转脸就捕杀,还把海洋搞得乱糟糟的。人类要一直这么搞,迟早会报应到他们身上。🐙

动物界一哥

我觉得,咱们应该联合发个声明警告人类:海洋是我们祖祖辈辈的家,你们来我们家里做客、探索、游玩都没问题,但千万别来破坏我们的家,更不能随便欺负我们。

鲸中大侠

对,我同意! 💪

海洋大巨头

我同意!

海洋科学家

我也同意,这个声明我来转交给人类。

蓝鲸

昵称：动物界一哥

　　蓝鲸的背部其实是青灰色的，因为在水中看上去是淡蓝色的，所以叫蓝鲸。它没有牙齿，但长有鲸须。蓝鲸进食时，会将食物和海水一起吞下，鲸须可起到将食物过滤留在口中的作用。蓝鲸是地球上最大的动物，究竟有多大呢？

 动物界一哥

喝口水，漱漱口。

大西洋·南乔治亚岛海域

♡ 鲸中大侠，海洋科学家，海洋大巨头

鲸中大侠：老兄，你这口漱口水也太多了点吧！

海洋科学家：看看这张大嘴，像极了小时候我妈妈吼我的样子。

海洋大巨头：一口一个海洋里的小鱼虾，哈哈哈！

动物界一哥回复海洋科学家：哈哈，你的嘴也不小啊。

动物界一哥回复海洋大巨头：一口一个？一口 200 万个好不好。

鲸之大，一车装不下……

动物界一哥　动物有话说　1小时前

诸位小弟，我是"动物界一哥"，一头蓝鲸。提起我的大名，相信你的脑海中立刻会出现一个字——大。

没错，我是目前已知动物当中最大的。究竟有多大，你听我慢慢跟你说道说道。

先说说你能看到的。

我能长到33米长，大约相当于3辆公交车。体重能达到180吨，大致相当于25头非洲象那么重。

再说一些你不容易看到的。

我的舌头有2吨多重，一条舌头就能顶十几头肥猪的体重，而且舌头上面可以站满50个人。我的心脏也很大，和一辆小轿车相仿。我的血管很粗，3岁的小孩子都可以在我的血管中爬行。

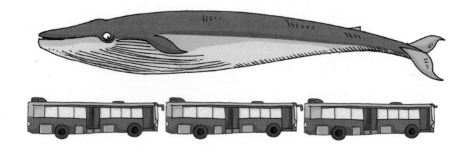

另外，我的胃口也非常大。虽然我块头巨大无比，但我喜欢吃几厘米长的磷虾。这些小家伙喜欢成群聚在一起，我张开大嘴，连水带磷虾一口吞进嘴里，然后用鲸须过滤掉海水，留下磷虾。我一口可以吞下80多吨的海水，每天要吃4～8吨的磷虾。

好了，你能想象到我有多大了吗？最近，网络流传一句话："鲸之大，一车装不下"。哈哈哈，真要有能放得下我的，恐怕得有一座小岛大才行啊。

座头鲸

昵称：鲸中大侠

座头鲸身体显得短宽，体长一般在 13 米左右，体重超过 25 吨。它长有一对大胸鳍，经常会跃出水面，姿势非常优美。座头鲸的性情非常温顺，喜欢唱歌，但是当面对海洋霸主虎鲸时，敢于亮剑，甚至会主动找虎鲸的麻烦。

鲸中大侠

人生三件事：吃饭、睡觉、揍虎鲸。欧耶

太平洋·夏威夷海域

♡ 海洋大巨头，动物界一哥，海洋科学家

海洋大巨头：揍得好，让他再在海洋里横行霸道！

动物界一哥：顶，揍得好，揍得妙，揍得虎鲸哇哇叫！

海洋科学家：你可真够勇的，居然敢揍虎鲸。

鲸中大侠回复海洋科学家：咋了？不是虎鲸我还不揍呢。

海洋科学家：好吧，反正你小心点。他们可不是好惹的。

虎鲸是海洋中的精锐，呵呵，我打得就是精锐

鲸中大侠 动物有话说 30 分钟前

　　大家好，我是海洋中的"鲸中大侠"，一头成年座头鲸。

　　"座头"这个词来自日文，意思是"琵琶"，因为我背部的形状像琵琶。我身体最明显的特征是一对大胸鳍，就像一对大翅膀，所以也叫大翅鲸。

　　我不是鲸中最大的，也不是速度最快的，但我是最爱行侠仗义的，而且专门针对海洋中的霸主——虎鲸。

　　我小的时候，时常会受虎鲸的欺负，一不小心还会被他们吃掉。等我长大后，长成十几米长、体重 30 吨的庞然大物，虎鲸就拿我没太多办法了。这时，我就可以对虎鲸复仇啦。

　　不管虎鲸在什么地方，不管他们正在欺负什么动物，只要让我听到消息，我就会拍马赶到，凭借巨大的身躯、有力的胸鳍和尾鳍对付虎鲸。因此，我经常从虎鲸的嘴下救各种鲸、海豚、海豹，简直就是行侠仗义、锄强扶弱的大侠客。

　　当然了，虎鲸这家伙比我要灵活很多，虽然他拿我没办法，但我也打不倒他，只能把他赶走。至于朋友圈那张我殴打虎鲸的图，嘿嘿，那是我 P 的，是不是很威风呀。

长须鲸

昵称：海洋科学家

须鲸科
动物

长须鲸是仅次于蓝鲸的第二大动物，有 25 米长，最大体重能达到 110 吨，在海洋中的分布非常广。它的叫声响亮、悠长，而且很有规律，就像唱歌一样。它的叫声还被科学家用于海底地壳研究。

海洋科学家

今日下午我应邀在海洋大学作了一场题目为"我如何一不小心成为一名科学家"的演讲。现场氛围热烈，演讲极为成功。

PS：会上，我被授予"海洋科学家"的称号。

大西洋·墨西哥湾

♡ 鲸中大侠，动物界一哥，海洋大巨头

鲸中大侠：名副其实，恭喜，祝贺！

动物界一哥：兄弟，恭喜恭喜，你的成功就是我的期许。

海洋大巨头：恭喜老兄，没能到现场听演讲，真是遗憾啊。

海洋科学家：谢谢🙏大家，我会戒骄戒躁，再接再厉的。

作为海洋普通一员，一不小心竟成了一名"科学家"

海洋科学家 动物有话说 3 天前

　　诸位好，科普时间到了，我是"海洋科学家"，一头长须鲸。

　　几天前，我在海洋大学作了一次演讲，是说我怎么成为一名科学家的。其实，这件事完全是一个巧合，是人类授予我的。

　　人类对海洋一直充满了探索精神，很多科学家一直在研究海底地壳的构造。他们利用声波开展研究。科学家们向海底发射人为制造的声波。声波穿透地壳，再反射回海床，被放置在海床上的仪器接收。通过分析这些声波信号，科学家就可以分析海底地壳的结构。

　　但是，这种方法有两大缺点：一是需要耗费大量的财力；二是这些人为制造的声波会对海洋中的动物造成不好的影响。

　　于是，人类科学家们就想到了我。我们长须鲸广泛分布在全球的各大海洋，而且我们喜欢叫，声音也非常大，能够替代人为制造的声波。

　　人类科学家利用我的声音发出的声波，可以分析出海底沉积物的碳含量，还能监测海底断层，确定海底地震的位置。

　　呵呵，我一不小心成了一名科学家！

抹香鲸

昵称：海洋大巨头

抹香鲸是齿鲸，嘴巴里长有牙齿，不过只有下颌有牙齿。抹香鲸擅长潜水，可以一口气潜到 2 200 米深的水下，并且可以待 2 个小时。抹香鲸肠道内的分泌物可以制成名贵的香料"龙涎香"。

海洋大巨头

人生最幸福的事是，一家人能够在一起。

一家人最幸福的事是，能够美美睡上一觉。

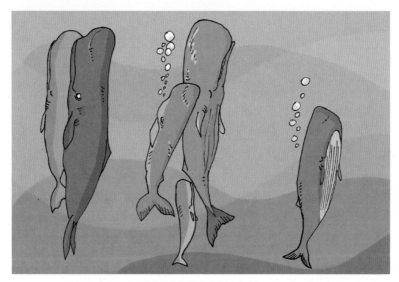

大西洋·加勒比海

♡ 鲸中大侠，动物界一哥，海洋科学家

鲸中大侠：哈哈，瞧这奇葩的睡姿，就像一根根挂着的棒槌。

海洋大巨头回复鲸中大侠：我看你是羡慕吧。

动物界一哥：大头啊，你总是能整点新花样，睡个觉都跟玩杂技似的。

海洋科学家：我很羡慕，有时间可以教教我吗？

海洋大巨头回复海洋科学家：教你也学不会，我这可是天生神技。

听过"脑子进水"，你听过"脑子进油"吗?

海洋大巨头 动物有话说 3 小时前

哈喽，我是"海洋大巨头"，一头成年雄性抹香鲸。

从我的名字，相信你就能猜出我有一个巨大的脑袋。没错，我的脑袋是所有动物中最大的。我体长可达 18 米，其中脑袋就有 6 米长，有两层楼那么高。两层楼高的脑袋，你能想象吗?

人类形容脑子有问题，常会说"脑子进水"，而我是"脑子进油"。我这个硕大的脑袋里装着 1 000 升的特质脑油。不过，这些脑油非但没让我的脑子有问题，还帮了我很多大忙。

我喜欢吃体型巨大的软体动物，但它们通常生活在深海里，因此需要我下潜捕食。脑袋里的脑油对我下潜、上浮起到了重要作用。当温度降低时，这些脑油会凝固成像蜡一样的固态，这时我整个身体密度比海水大，利于我潜水。当温度升高到比我体温高时，脑油又会变成液态的，这时我整个身体密度就比海水小，利于我上浮。

我竖立的睡觉姿势也是因为脑油的原因。它使我的头部密度比海水小，而我身体的后半部密度比海水大。用一个不太恰当的比喻就是，我的大脑像一个充气的气球，身子像一根铁棍，把它们连在一起放进海水中，气球会上浮，铁棍会下沉，自然就竖了起来。

水中杀手团（4）

大白白白鲨

哈哈哈，发现了好多海豹，这几天的吃喝不愁啦！

黑白大海豚啊

在哪里？发个位置。

大白白白鲨

你当我傻呀，给你发了位置，那还有我的份儿吗？

黑白大海豚啊

你不发是吧？好，以后别让我碰到你。

大白白白鲨

我尽量躲着你还不行吗？

上路王者

@大白白白鲨 他看着就像个大海豚，你看着就非常凶悍，怎么你还怕他呀？

大白白白鲨

你在河里站着说话不腰疼，来海里试试。就你那小体格，在他面前都撑不过一回合。

上路王者

开什么玩笑？你知道我多大吗？我能长到 1 吨，怎么说也是一方霸主。

大白白白鲨

他有 9 吨重，我 2 吨在他面前都是个弟弟。你区区 1 吨还敢说大话。

上路王者

我天，这么厉害啊！

我乃北海巨妖

黑白大海豚，你是不是和抹香鲸有什么过节呀？

黑白大海豚啊

咋了？这个海洋里的大家伙是和我有过节。

我乃北海巨妖

看在咱们都在一个群里的面上，能不能帮我教训教训他。

黑白大海豚啊

怎么？他欺负你了？

我乃北海巨妖

可不是吗，他经常欺负我。

大白白白鲨

黑白大哥，抹香鲸那家伙我见过，比你还大得多，估计你也对付不了。

黑白大海豚啊

你一条鱼还学会激将法了。放心吧，我打架从来不单独上，都是一大家子一起上。

我乃北海巨妖

谢谢！

黑白大海豚啊

真要谢，就给我准备 10 来头海豹当点心吧。

虎鲸

昵称：黑白大海豚啊

虎鲸背鳍非常高，经常会露出水面，就像倒插入水中的"戟"，所以又叫逆戟鲸。虎鲸身体呈黑白两色，看起来非常可爱，但其实非常凶猛，甚至敢袭击大型的鲸。虎鲸非常聪明，智商相当于人类15岁时的状态，再加上群居行动，简直就是海洋霸主。

黑白大海豚啊

看我的身份证，我不是虎也不是鲸，我是一只大海豚！
现在你们都知道了吧。

姓名：虎鲸
性别：雄
物种：海豚科
出生：2000年1月1日
住址：太平洋中部波利尼西亚群岛夏威夷海域

公民身份证号：12345620000101321X

太平洋·夏威夷海域

♡ 上路王者，我乃北海巨妖，大白白白鲨

上路王者：收到，收到，虎鲸大哥。

我乃北海巨妖：不是鲸最好了，咱们还是好朋友。我讨厌鲸，尤其抹香鲸。

黑白大海豚啊回复我乃北海巨妖：哈哈，因为你经常被他欺负，是不是？👆 改天我帮你出气。

大白白白鲨：怪不得那些海豚总说要让他们老大对付我，原来他们老大就是你呀！

黑白大海豚啊回复大白白白鲨：是我怎么了？你有什么意见吗？😡

大白白白鲨回复黑白大海豚啊：我哪儿敢啊，哪次我不躲着你呀。不过我听说座头鲸想找你麻烦呢。

可爱、聪明、顽皮、话痨……这是我这个海洋霸主的标签

黑白大海豚啊 动物有话说 1天前

诸位兄弟，我是"黑白大海豚啊"，一头成年雄性虎鲸，终于轮到我登场啦！

作为海洋霸主，你可能会觉得我应该凶神恶煞，威风凛凛的，可是我的样子和性格与你想象中的完全不一样。

可爱。我长得肉肉胖胖的，一身黑白皮肤，乍一看总是笑眯眯的，非常可爱，非常萌。

聪明。大家都知道海豚很聪明，作为海豚中当家的，我就更聪明啦。不妨告诉你，我的智商相当于15岁的人类。

顽皮。我很爱玩，也很顽皮，很多动物都被我恶搞过。我可以若无其事地从鳐鱼身边游过，然后突然一尾巴把鳐鱼甩起来。我可以和海豹玩躲猫猫，喜欢看他害怕的样子。即使抓到海豹后，我玩心大起还会用尾巴把他当皮球一样甩上几十米高的空中。

话痨。我最让人着迷的一点，就是个话痨，总是喋喋不休。我们虎鲸的语言非常丰富，尤其在吵架时。如果有队友在捕猎中失误了，我就嘴炮大开，比如"不怕鲨鱼一样的对手，就怕蛤蟆一样的队友。""你妈妈就是这么教你游泳的？""你个大菜鸡赶紧回家叼贝壳去吧。""没抓到吃的，今天就去吃海带和海藻吧你。"

现在你是不是觉得我这个海洋霸主非常逗呀？不过，我要狠起来，整个海洋动物都颤抖。你说座头鲸啊，我是懒得搭理他。

大白鲨

昵称：大白白白鲨

　　大白鲨是海洋中一种巨大而凶猛的鲨鱼，一张血盆大口和满嘴三角形的尖牙让人望而生畏。它的嗅觉极其灵敏。它可以把头竖立在水面上搜寻猎物，所有鲨鱼中只有它能做到。

 ## 大白白白鲨

最让我苦恼的事，莫过于刷牙啦！

使用牙齿、备用牙齿、备备用牙齿……满嘴牙齿，刷起来真费工夫。

印度洋·科克本海湾

♡ 上路王者，我乃北海巨妖，黑白大海豚啊

上路王者：好家伙，原来你嘴里长这样，比我的嘴巴还恐怖。

我乃北海巨妖：要是有你这样的一张大嘴，我敢跟抹香鲸正面碰一碰。

大白白白鲨回复我乃北海巨妖：是不是羡慕嫉妒恨，哈哈哈……

黑白大海豚啊：长这么多牙干啥，吓唬谁啊！

大白白白鲨回复黑白大海豚啊：没看到我说的吗？很多是备用牙齿。再说，这么多牙齿也吓唬不了大哥你啊。

备用钥匙你听过，备用牙齿你听过吗？

大白白白鲨 动物有话说 2小时前

说起血盆大口，我相信你肯定会想到我。没错，我就是"大白白白鲨"，一条大白鲨，又叫噬人鲨。作为海洋中著名的动物之一，我的名头你一定早有耳闻。

其实，我的这两个名字都不够准确。首先，我的体背是青灰色或者暗褐色，腹肚是白色的，叫"半白鲨"更合适。另外，我只是把人类错认成了海豹、海豚，才会上去咬一口。人类根本不合我的口味，我根本就不喜欢噬人。

要说我的特点，还得是一张大嘴和满口的尖牙。

瞧，这就是我的牙齿。它是锋利的三角形，两边还长满了细小的锯齿，样子很像牛排刀。它也像牛排刀一样可以轻松切割其他动物的皮和肉。

我的大嘴里，长了好几排这样的牛排刀，看起来非常吓人。你如果以为我是用这几排牛排刀捕捉、切割食物，那你就错了。告诉你，我平常只使用最外面一排的牙齿，里面的几排都是备用的。我的牙齿并不是固定在颌骨上，而是嵌在牙龈中，很不牢固，撕扯、切割猎物时，这些牙齿经常会损坏和脱落。这时，里面的备用牙齿就会向前移，替换掉旧的牙齿。而且，我还会不断长出新的备用牙齿。我一生替换的牙齿超过1万颗，我都数不明白。

尼罗鳄

昵称：上路王者

尼罗鳄主要生活在非洲的尼罗河流域，是世界上第二大鳄鱼。它喜欢躲在水下，等陆地上的猎物来饮水时，突然发动袭击，将猎物拖入水中淹死。它还会吞食一些石块，让自己在水底保持身体平衡。

 ## 上路王者

你以为我在水里是这样的，实际上我在水里是这样的

哈哈哈，你们有没有被萌到。

非洲·尼罗河

♡ 大白白白鲨，我乃北海巨妖，黑白大海豚啊

大白白白鲨：哈哈哈哈，你想让我笑掉满嘴的牙，捡去自己用吗？

上路王者回复大白白白鲨：我这是自黑照，不过在浅水区这样真的省力，你可以试试。

大白白白鲨回复上路王者：我不试，你让虎鲸大哥去试试吧，他比较胖，合适。

黑白大海豚啊：我才不试，傻乎乎的样子，看不出哪里萌。

我乃北海巨妖：原来你真的可以站起来，看来游戏没有骗我。不过这模样，咋看也不像个上路王者。

上路王者回复我乃北海巨妖：王者不在于模样，而是实力。

22

面对我这样的王者，最好的办法是不让我张嘴

上路王者　动物有话说　30 分钟前

哈喽，大家好，我是"上路王者"，一条生活在非洲尼罗河的尼罗鳄。想必你们都听过我的大名，电子竞技游戏《英雄联盟》中荒野屠夫的原型就是我啦。

在游戏中，我堪称上路一霸，来一个打一个，来两个打一双。现实中的我，也的确像游戏中那样战斗力爆表。

我体型庞大又强壮，最长能达到 6 米长，体重超过 1 吨。我可以突然冲到岸上，把水牛、斑马等大型动物拖下水。我的背上还披着一层护身铠甲，它非常坚硬，甚至能够弹开普通手枪射出的子弹。

要说我最厉害的，当然是长满尖牙的大嘴啦。我这张嘴的咬合力非常惊人，就算是坚硬的龟壳、动物的骨头我都能咬碎。其他动物一旦被我咬住，就很难逃脱。另外，我还有一个绝招，叫作"死亡翻滚"。被我拖进水里的动物，我会咬住它身体的一部分，然后不断地翻滚，就像一把钳子夹住螺丝帽不断扭转一样。最后，动物身上的一大块肉就会被我拧下来。

我主宰着尼罗河这条世界最长的河流，除了大象、河马、犀牛等少数几种动物外（它们体格实在太大了），靠近河边的都会受到我的攻击。

如果你想对付我，最好的办法是不让我张开嘴。我的咬合力惊人，但嘴巴的张力却很小，一个成年人用手就可以握住我的嘴巴，让我的嘴巴张不开。

大王乌贼

昵称：我乃北海巨妖

大王乌贼其实并不是乌贼，而是一种很特别的软体动物。它生活在 200 米以下的黑暗的深海中，不善于游泳，靠着长有吸盘的长长的触腕捕捉猎物。因为庞大和奇特的长相，它曾一度被认为是一种海妖。

我乃北海巨妖

本月 15 日，由我参演的电影《深海捉妖记》全球同步首映，感谢导演对我的认可，感谢剧组伙伴对我的关怀，我们一起见证《深海捉妖记》票房大卖！奥利给！💪

北大西洋

♡ 黑白大海豚啊，大白白白鲨，上路王者

黑白大海豚啊：恭喜恭喜，我一般只能在海洋馆那种小剧场演出，你都已经上了大荧幕啦！

大白白白鲨：几十年前我也有机会演电影的，可惜因为年龄太小没选上。

我乃北海巨妖回复大白白白鲨：哈哈哈，这就是命。😁

上路王者：大反派我也能演啊，怎么不请我去呀？郁闷。👏

我乃北海巨妖回复上路王者：你的 IP 不是都上游戏了吗？再说，这次拍摄地是深海里，你去不了的。

如果世界上有海妖，那可能就是我

我乃北海巨妖　动物有话说　5 天前

　　嗨，各位朋友，我是"我乃北海巨妖"，一头成年的大王乌贼。

　　相信大家都知道了，由我参演的电影《深海捉妖记》即将要上映了。很多影迷问我是如何与这部电影结缘的，其实过程很简单。这部电影需要一头巨大的海妖，而我的外形与海妖非常相像，自然而然就收到了导演的邀请啦。

　　说起海妖，最有名的恐怕就是挪威传说中的北海巨妖啦。传说，北海巨妖体型非常大，像一座小岛似的，还长着许多只长长的触手，可以把巨大的轮船卷进海底。当我第一次听到这个传说时就在想，嘿，北海巨妖不就是我嘛。

　　传说肯定有夸张的成分，我的身体到触手也就 20 米左右，不可能像一座小岛那么大，也不可能把巨轮卷进海底。

　　因为我生活在黑暗的海底，平时很少露面，大家也很少讨论我。每当我登上新闻头条时，大都是因为抹香鲸。抹香鲸这家伙经常会深吸一口气，然后潜到深海找我的麻烦。每次和他碰面总免不了一场恶斗。当然了，因为他的块头实在太大了，基本每次打斗都是我输。唉，即使我安安静静待在深海里，也总会逃不开别人来找茬儿。

　　我也希望通过这部电影，让抹香鲸知道知道，不要欺人太甚，我可是有做海妖的潜质的。

身怀绝招研习会（5）

水中 ADC

队友们，咱们的战队刚刚成立，我想明天一起去"开黑"，锻炼锻炼。

水中 APC

我打中路，你们放心，保准压制对方中路出不了塔。

大枪虾哥

我是野区之王，自家的野区随便刷，对方的野区随时刷。

放电大法师

上路有我在，稳稳的。来一个电翻一个，来两个电翻一双。

水中 ADC

你们这也太自大了点吧。

大枪虾哥

不是自大，是自信。我手上这杆大枪不是开玩笑，一枪一个小朋友。

水中 APC

没错，必须自信。我喷一口火 🔥，准把对方给烤熟了。

放电大法师

你们是没见过电的威力。鳄鱼不是号称"上路王者"嘛，我连他也能电翻，还有谁能和我抗衡。

一个钓鱼翁

我虽然没你们那么厉害，但作为 一个辅助，我的引诱还是非常给力的。

水中 ADC

你们这么说好像显得我很弱似的 😶。我的喷水输出是稳、准、狠。但我觉得还是要多练练，多培养一下默契，提高团队配合。

大枪虾哥

我先声明啊，我只和我自带的虾虎鱼配合，其他的不管。

水中 APC

我喷火，你喷水，水火不相容，不太好配合。

放电大法师

我很想配合，但我放电的时候，我自己都控制不住，弄不好连自己人也一起电翻了。比赛的时候你们最好都别靠近，我自己一个人安全点。

一个钓鱼翁

我就是起到个引诱的作用，对方来了，你们就上，没来你们就不上。这就是我的配合。

水中 ADC

你们都是什么态度呀？ 如果这样的话，比赛肯定输。

大枪虾哥

输就输呗，输赢不重要。

放电大法师

就是，重要的是玩得开心。

水中 ADC

不争输赢，那还组建团队参加比赛干什么？ 不如趁早解散，各自玩各自的。

水中 APC

行 ，解散吧。各自玩各自的。

一个钓鱼翁

同意，就地解散。

水中 ADC

你们……

射水鱼

射水鱼科
动物

昵称：水中 ADC

顾名思义，射水鱼就是能射水的鱼。它的嘴巴就像一把玩具水枪一样，可以射出一道水柱。它利用这道水柱将水面附近树枝、草叶上的昆虫打落进水里，变成自己的美餐。

水中 ADC
作为一名 ADC，我是专业的。

印度洋·红树林沼泽

♡ 水中 APC，大枪虾哥，放电大法师，一个钓鱼翁

水中 APC：不赖不赖 😎，射术堪称精湛。

大枪虾哥：准头确实还行，就是威力差了点。

放电大法师：要论威力，还得看我的。谁敢试试我的电。

水中 ADC 回复放电大法师：谁也不傻，你自己电你自己吧。🙄

一个钓鱼翁：一顿操作猛如风，到嘴一只小虫虫，看着就累。

水中 ADC 回复一个钓鱼翁：各有所长而已，比不了你趴着就有吃的送上门。

28

论一名 ADC 的自我修养

水中 ADC　动物有话说　15 分钟前

　　我是"水中 ADC"，一条漂亮的射水鱼，这期的文章我想结合我自己聊聊对于 ADC 的认识。

　　大家都知道，ADC 是游戏专业术语，可以简单理解成射手，而我就是一名职业的射手。

　　我在水中游动时，不仅能看到水里的东西，还能察觉到空中的东西。一旦我发现水面附近的草叶上有昆虫时，我就偷偷靠近目标，然后瞄准目标，接着从口中喷出一道水柱，把昆虫打落进水中。我可以把水射出去 2 米多高，命中率也非常高，距离在 30 厘米以内的昆虫几乎不可能逃脱。从这一点来讲，我算是一名合格的射手啦。

　　但我认为，如果要做一名优秀的射手，最关键的还是位置和角度的选择。

　　学过物理的都知道，当光从空气传入水中后会发生折射。比如，你把一根筷子插进水中，发现筷子好像折了。这就是光的折射造成的假象。从水中观察水面上的昆虫也会发生折射。也就是说，在水中看到的昆虫的位置，其实并不是真实的位置。如果我朝看到昆虫的位置喷射水柱，十有八九是打不中的。所以，我会精心选择位置和角度，以确保命中目标。

　　这是我的体会，不知道你是不是认同？

枪虾

鼓虾科
动物

昵称：大枪虾哥

一种长相奇特的虾，有一大一小不成比例的一对螯。它体长5厘米左右，而大螯将近3厘米。这只大螯可以射出一道速度极快的水流，好像用枪射击一样，瞬间猎物就会被击晕或者杀死。

大枪虾哥

这两天枪用的次数太多了，感觉要打得冒烟啦！

太平洋·热带海域

♡ 水中 ADC，水中 APC，一个钓鱼翁，放电大法师

水中 ADC：好家伙，自带手枪，比我猛多啦。

水中 APC：我看不像手枪，更像一门大炮。

一个钓鱼翁：瞧瞧虾哥这杆大枪，一枪消灭一个敌人。

放电大法师：我看我应该和你组CP，我给你充满电，你打出去的就是电子炮啦。

大枪虾哥回复放电大法师：我看可以。

枪手出没，请注意！

大枪虾哥 动物有话说 3天前

你喜欢枪吗？你能想象到天生就拥有一杆枪的感觉吗？我是"大枪虾哥"，一条枪虾。今天我就和你们来聊聊我的枪。

我的枪并不是那种钢铁制作的枪，而是我的一只螯。对，是一只，不是一对。我有一对螯，一大一小，我的枪就是那只特别大的螯。

攻击时，我会将大螯迅速闭合上，然后喷射出一道速度非常快的水流，这道水流就好比子弹一样，能把小鱼、小虾、小螃蟹瞬间打晕，甚至击杀。这样高速的水流会形成一个极小的低压气泡，在周围水体的压力下瞬间爆裂，发出 190 ～ 210 分贝巨大的爆炸声，比枪声（约 150 分贝）还要响得多。这股爆炸产生的能量，也能把猎物击毙。

如果我的大螯脱落了，还会重新长出一个螯来。不过，重新长出是小螯。原来的小螯则会长成大螯。就好像我把枪换到了另一只手上。如果小螯脱落了，有时会错误地长出一只大螯，拥有两只大螯。双枪在手，听起来霸气，其实小螯是我吃饭的刀叉，没了刀叉还是很不方便的。

另外，我还有一个哨兵，他叫枪虾虾虎鱼。他和我生活在一起，为我这个枪手侦察敌情。

电鳗

昵称：放电大法师

电鳗生活在南美洲的亚马孙河流域，身体是黑黑的圆柱形。它产生的电流足以将人击晕，号称"水中高压线"。如果有谁胆敢惹它，一定会尝到被电的滋味。

放电大法师
水中突然一闪电，莫非宙斯在人间……

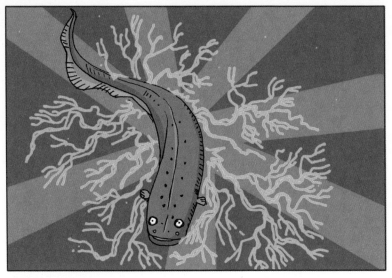

南美洲·亚马孙河

♡ 水中 ADC，水中 APC，一个钓鱼翁，大枪虾哥

水中 ADC：光速点赞，不过这照片是 P 的。

水中 APC：火速点赞，照片是 P 的 +1。

一个钓鱼翁：用电电鱼是犯法的，你知不知道？

放电大法师回复一个钓鱼翁：是吗？ 可我也是一条鱼呀！

大枪虾哥：电可不是好玩的，没准哪天电了自己。

放电大法师回复大枪虾哥：放心，一般是不会的。

论玩电，我可是祖师爷级别的

放电大法师　动物有话说　7小时前

我是"放电大法师"，一条成年电鳗。大家都知道，我身体带电，而且能放电。今天就来聊聊我和电的事。

我为什么可以放电呢？这是因为我身上有很多细胞，如同一个个的小电池。这些细胞叠在一起，就像一堆电池串联了起来，在我的头和尾之间就会产生很高的电压，体外也就产生了电流。

我对于电的掌控能力很强，可以随意放电，还可以掌握放电的时间和强度。通常我放电的电压是350伏，不过特殊情况下，放电的电压可以达到800伏。这是什么概念呢？这么高的电压足够电死一头牛的。

我不仅靠着电来捕食和抵御敌人，而且还能用电来判断周围的环境。我尾部发出的电流，流向头部的感受器，在身体周围就会形成一个无形的电场。通过感知电场的变化，我可以在黑暗的环境中判断周围的情况。

你可能会问为什么我自己没有被电到。这是因为我身体的大部分都由不导电绝缘性很高的构造包裹，而且电流会在电阻比我身体小的水里传递，不会电到我。而且，就算我们电鳗之间互相放电，也电不到对方。

但是，如果我在空气中放电，空气电阻比我的身体大，电流选择经过我的身体，就会电到我自己。不过，作为一条生活在水中的鱼，我当然不会跑到空气中放电玩啦。

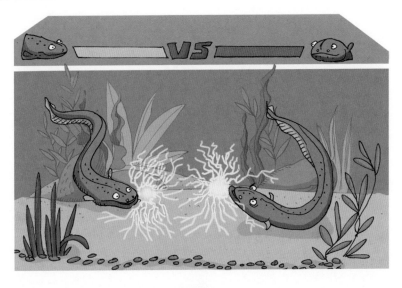

鮟 ān 鱇 kāng

昵称：一个钓鱼翁

鮟鱇主要生活在近海的底层，头又大又平，嘴又宽又扁，就像一只蛤蟆，所以也叫蛤蟆鱼。它的头上有一个会发光的肉状小突起，就像一个小灯笼，用来引诱其他小鱼自动送上门。

一个钓鱼翁
这是我从出生到现在第一次化妆，大家觉得怎么样？

近海海底

♡ 水中 ADC，水中 APC，放电大法师，大枪虾哥

水中 ADC：大哥怎么了，咋突然化浓妆呀？

一个钓鱼翁回复水中 ADC：什么大哥，是大姐懂不懂？

水中 APC：啊，这……我们一直以为你是个大哥呢？

放电大法师：长得丑不是你的错，出来吓人就不对啦。

大枪虾哥：哈哈哈 ，大姐，你这个样子我鮟鱇大哥不嫌弃你吗？

一个钓鱼翁回复大枪虾哥：就你大哥那个样子还敢嫌弃我？仔细瞅瞅，长在我左边那个小不点儿就是你大哥。

见过养孩子的，可你见过养老公的吗？

一个钓鱼翁 动物有话说 2天前

诸位，我是"一个钓鱼翁"，一条鮟鱇鱼。不过，千万不要被我的名字迷惑了，我是一条雌性鮟鱇鱼。

我有两个奇特之处——会钓鱼和随身携带老公。

先说钓鱼。我头顶上有一个肉状突起，就像一个小灯笼，会发光。在黑漆漆的海底中，很多小鱼都喜欢光，看到小灯笼的光就会游过来，变成我的美餐。小灯笼有时候也会吸引来凶猛大鱼。这时，我就赶紧把灯笼塞进嘴里，然后趁着一片黑暗，偷偷溜掉。

再说随身携带老公。平时你们看到的鮟鱇鱼，其实大都和我一样是雌性的，很少看到雄性鮟鱇鱼。其实，雄性鮟鱇鱼就长在我们雌性的身上，只不过他们太小了，就像长在我们身上的寄生虫似的。雄性鮟鱇鱼从一出生，就开始寻找一条雌性鱼。一旦找到后，他就会用嘴紧紧咬住雌鱼的皮肤。接着，不可思议的事就发生了，小小的雄鱼会渐渐地长在雌鱼身上，变成了一体。从此以后，雄鱼几乎什么都不用干了，全靠从雌鱼体内汲取营养。我们雌鱼对于雄鱼来说，不仅是妻子，还是一张永恒的饭票。

养着这样一个老公的好处是：当我想生育后代时，就将卵子排入水中，然后身上的老公会把精子排入水中，卵子和精子一结合，我的孩子很快就会出生啦！

老婆，我想尝尝这些蓝色的小鱼。

喷火鱼

昵称：水中 APC

喷火鱼生活在热带海域，最大的绝技是可以从口中喷出蓝色的火焰。一条鱼如何在水中喷出火焰呢？其实，这和它的食物有关。

 ## 水中 APC
今天的魔法课上，我为学生们表演了"喷火"绝技。学生们都看呆啦！

印度洋 · 热带海域

♡ 大枪虾哥，水中 ADC，放电大法师，一个钓鱼翁

大枪虾哥：这绝技可以，改天表演胸口碎大石。

水中 ADC：你喷火，我喷水，咱俩就是葫芦四娃和五娃。

水中 APC 回复水中 ADC：哈哈，可以可以，一根藤上两个瓜。

放电大法师：你放火，我放电，咱俩就是火电二人组。

水中 APC 回复放电大法师：这个 CP 也不错。

一个钓鱼翁：一顿操作猛如虎，一看输出 0.5，你这火太小，不咋的。

我喷的不是火，我喷的是辛酸和无奈

水中 APC　动物有话说　30 分钟前

　　我是"水中 APC"，一条会魔法的喷火鱼。喷火鱼是我的俗称，我的本名叫作暗色天竺鲷。

　　我最奇特的地方，就是经常会从嘴里吐出蓝色的火焰。虽然我很希望自己能喷火，但其实这完全是一个误会。我喷出来的并不是火，而是一种叫介形虫的动物。

　　介形虫是一种很小的海洋动物，它们身体里可以产生含有荧光素的东西，而且还能产生激发荧光素发光的酶。这两种东西混合在一起，就会发出蓝色的冷光，看上去就像蓝色火焰一样。它们也靠这种冷光来保护自己，吓退对手。

　　我很喜欢吃介形虫，经常会一口把它吞进肚子里。这时候，介形虫感觉到了危险，就会立刻喷出大量的荧光液体。这一下可不得了，荧光把我的身体照得像个蓝色电灯泡似的，特别显眼。这样，我就会吸引其他更强大的捕食者的注意，它们会顺着光朝我游来。为了确保安全，我只好赶紧把介形虫和荧光液体吐出来。

　　在其他人看来，我好像是在喷火，其实我是不得已把到嘴的食物吐掉了，真是辛酸又无奈啊！

非正常相貌研究中心（5）

眼睛长一边

哎，头疼啊！

烈焰红唇

怎么了？

眼睛长一边

我家孩子在学校的事呗。班里的同学都说他长大了肯定是畸形儿，是个斗鸡眼。

烈焰红唇

那还不赶紧去医院给孩子看看，别是什么病吧？

眼睛长一边

什么病都没有。我们比目鱼就是这样的，小时候眼睛长在左右两边，长大后眼睛就长在同一边。其他同学不理解，都欺负他。

烈焰红唇

唉，我家也是，同学们都说我家孩子不是鱼，是抹着口红的四条腿蛤蟆，都排挤他，不和他玩。

海中骏马

那到底是咋回事，怎么会长四条腿呢？

烈焰红唇

什么四条腿，那是我的胸鳍和腹鳍而已，只是长得不同寻常而已。对了，听说你家孩子在学校也被排挤。

海中骏马

可不是嘛，和你遇到的情况一样。都说我家孩子长得奇怪，不像鱼，像马。可我们祖祖辈辈都是鱼。

烈焰红唇

这就是外貌歧视。

游泳的头

外貌歧视算什么？我家孩子因为长得个子大，但运动能力差，游不快，天天被叫傻大个。

海中骏马

咱俩还真差不多。我家孩子运动能力也差，平时分组活动，谁都不愿意和他一组。

烈焰红唇

@我叫不高兴 你怎么不说话？你家孩子在学校怎么样？

我叫不高兴

我家被评为"最丑的动物"，日子能好过吗？

海中骏马

不是说歧视你。我看过你照片，你的样子不光是丑，甚至有点恶心。

我叫不高兴

那照片都是人类弄的，这就是一个最大的误解。我长得根本不是那个样子。那是人类从深海把我打捞起来后，环境的变化改变了我的样貌而已。我家孩子一点都不丑，可其他同学还是歧视我家孩子。

眼睛长一边

诸位，学校马上要开家长会了。我们应该趁着这次家长会和学校、其他家长好好谈一谈，正确教育孩子，解决校园歧视的问题。

烈焰红唇

我同意。

我叫不高兴

同意。到时候我让他们看看我究竟是什么样的。

比目鱼

昵称：眼睛长一边

　　比目鱼的身体扁平，两只眼睛长在身体的同一侧。比目鱼是一个大家族，世界上有570种左右。

眼睛长一边
小时候的我和现如今的我。

太平洋·黄海

　　♡ 游泳的头，烈焰红唇，我叫不高兴，海中骏马

　　游泳的头：还是小时候长得可爱。

　　烈焰红唇：楼上真会说话，这明显就是越长越丑的典型代表。

　　我叫不高兴：红唇啊，就咱俩这样的还有资格说别人丑吗？

　　眼睛长一边回复我叫不高兴：还是你对自己有清晰的认知。

　　海中骏马：别人是越长越开，你的眼睛是越长越往一块凑。哈哈哈！

要不是为了生存，谁愿意把眼睛长成这样

眼睛长一边　动物有话说　1小时前

　　人常说"女大十八变，越变越好看"，而我不仅没变好看，还越变越奇怪。我是一条比目鱼小姐姐，名叫"眼睛长一边"。从我这个名字你就能猜出，我的眼睛不是长在左右两边，而是长在同一边。你说怪不怪？

　　我小时候还挺正常的，和其他常见的鱼一样，眼睛长在脑袋的两侧，是对称的。可是，当长到20天左右后，我的身体就开始发生变化了。先是我的身体开始倾斜，只能侧着身子游泳，侧卧着生活。身体两侧的颜色一侧比较重，一侧变得比较浅。接着，我的眼睛就开始移动了。右眼渐渐向头的上方移动，渐渐地越过头的上缘移动到另一侧，直到接近左眼才停止。估计我的右眼会对我的左眼说："我漂洋过海来看你。"

　　我的眼睛之所以长成这样，全是为了生存。为了躲避敌人和捕捉鱼虾，我需要潜伏在浅海的海底，在身上覆盖一层沙子，隐蔽自己。由于身体的形状，我只能侧卧在海底，那侧卧一侧的眼睛就会受到沙子的影响。因此，经过不断进化，我的眼睛就长到了同一侧。这么一来，当我侧躺下后，两只眼睛就会都露出在沙子外面啦。

41

翻车鱼

昵称：游泳的头

翻车鱼是头很大的海洋鱼，体长通常超过3米，体重可以达到3吨重。它的整个身体看起来就像只长了一个头，其他部位没有长全一般。它不擅长游水，但潜水本领很强。因为经常在海面晒太阳，被叫作太阳鱼。夜晚，它像月亮在海里的倒影，又被叫作月亮鱼。

 游泳的头

今天是个好日子，心想的事儿都能成！

太平洋·东海

♡ 眼睛长一边，烈焰红唇，我叫不高兴，海中骏马

眼睛长一边：头哥，你这是咋啦？

烈焰红唇：这还看不出来 😐，晒太阳。

我叫不高兴：这晒太阳的姿势真是，就跟快挂了似的。

游泳的头回复我叫不高兴：你懂什么？这个姿势才舒服。

海中骏马：头哥，感觉你又胖了，该减肥啦。

游泳的头回复海中骏马：减不了，只能越来越胖。

作为翻车鱼，经常翻车才名副其实

游泳的头　动物有话说　3天前

　　各位朋友好，我是"游泳的头"，一条翻车鱼。这是我花了很久写好的文章。

　　因为我经常侧翻在水面上晒太阳，就像翻了车一样，所以得了个"翻车鱼"的名字。其实，我在很多事情上也总做翻车的事。

　　翻车事件一：身为一条鱼，却不太会游泳。

　　说起来不怕你们笑话，我确实不怎么会游泳，或者说游得很慢很慢。我的胸鳍、尾鳍非常小，整个身体看起来就有一颗巨大的头，根本游不动。另外，我的鳃很小，无法从水中获得更多的氧气，就像一个肺活量很小但块头巨大的运动员，果真要游快了，恐怕连呼吸都困难。

　　翻车事件二：危险就在身边，却不懂逃避。

　　我体长3米，体重能达到3吨，也算是个大家伙啦。可是，我的性子很软，就像一块漂浮在海里的大面包。我的皮非常厚，上面也没有什么神经分布。有的时候，被天敌追着啃半天，我都没什么感觉。等我感觉到疼痛时，也已经晚啦。

　　在很多人看来，我又懒又慢又蠢，按理说应该早被淘汰了。为啥我依然活得悠然自得呢？

　　这是因为我强大无比的生育能力。一般的鱼可以产卵30万枚左右，但我可以生3亿枚，是海洋中最能生的动物。数量如此庞大的后代，总有一些可以躲过重重危险，长大成鱼的。

红唇蝙蝠鱼

昵称：烈焰红唇

　　红唇蝙蝠鱼主要在浅海海底活动，外形根本不像鱼，而像蝙蝠，还是涂了"口红"的蝙蝠。它的游泳能力很差，更多时候是依靠胸鳍在海底爬行。

烈焰红唇

今日份靓照，请不要问我是否涂了口红。

太平洋 · 加拉帕戈斯群岛海域

♡ 游泳的头，海中骏马，我叫不高兴，眼睛长一边

游泳的头：你是涂口红了吗？

海中骏马：你是涂口红了吗？

烈焰红唇：你们两个是故意的吧。

我叫不高兴：红唇啊，我想说，不管你涂不涂口红，都是一样丑。

眼睛长一边：我不问你的口红，我就想问你，同样都是鱼，为什么你有四条腿呢？

见到我，你可不要以为我是从外星来的

烈焰红唇　动物有话说　9小时前

哈喽，我是"烈焰红唇"，一条红唇蝙蝠鱼。如果你看到我，我猜你一定会产生"哇！你怎么长成这样？""你真的是鱼吗？""你是从外星来的吗？"之类的疑问。

长着四条腿、头顶一个角、涂着大红唇，我自己都觉得我长得怪。

我的四条腿并不是真正的"腿"，而是特殊的胸鳍和腹鳍。我的一对胸鳍变成了"胳膊"的形状，腹鳍前移连接喉咙。由于这样的构造，我变得不太喜欢游泳，但能够在海底悠闲漫步。

我头顶的角也不是真正的"角"，而是背鳍变成的一个突起。这个突起在海底投下的影子能够吸引猎物送上门来。

我最有存在感、最神秘的就是一张大红唇。这让我显得非常扎眼。按理来说，我在海底以诱捕猎物为生，应该与环境融为一体，不应长这张让我容易暴露的红唇才对。有人认为，我的红唇带一点荧光，可以配合突起投下的阴影，诱捕猎物；也有人认为，在暗淡的海底，鲜艳的红唇有助于我吸引异性；也有人认为，我的大红唇只是装饰而已，没什么特殊的作用。

至于为什么长大红嘴唇，我也说不清楚。希望聪明的你，将来能够破解这个谜团喽。

水滴鱼

昵称：我叫不高兴

水滴鱼生活在深海中，最深可以达到 1 200 米。由于人类很少到达这么深的地方，所以它很少被发现。水滴鱼的体型很像巨大的蝌蚪，长着一张看起来很忧伤的脸。如果用一个字形容它，就是：丑。

我叫不高兴

在"第八届最丑动物大赛"中，本鱼再一次毫无悬念地获得冠军。作为八连冠的我，真的好难过啊！

太平洋·新西兰海域

♡ 眼睛长一边，海中骏马，烈焰红唇，游泳的头

眼睛长一边：对于这种照片，我反手就是一个赞。👍

海中骏马：恭喜恭喜，能丑到八连冠确实是非常难得的。

烈焰红唇：和你的丑相比，连我都要甘拜下风。佩服佩服！

我叫不高兴：滚犊子😠，你们这是在我的伤口上撒盐。

游泳的头：我见过你，你长得不是这样的呀？😵 是整容了吗？

我叫不高兴回复游泳的头：你见过整容往丑了整的吗？

说我丑，可你懂我丑中的忧伤吗？

我叫不高兴 动物有话说 2 天前

　　大家好，我是"我叫不高兴"，一条水滴鱼。最近我非常不开心，因为我再一次被评选为"最丑动物"。他人嘲笑我的丑的同时，根本不知道我丑中深深的忧伤。

　　说起来，我的学名叫软隐棘杜父鱼。由于大家看到我的样子就像一颗水滴一样，基本没有什么鳞片，所就叫我水滴鱼。我还长着一张哭丧的脸，又被叫作忧伤鱼。很多人觉得我很恶心，因为我的样子也像一个动物的内脏。

　　但是，我想告诉大家，这些根本不是我本来的样子。我原本的样子就像一只大蝌蚪，虽然说不上好看，但也绝对不会让人觉得恶心。

我的丑和忧伤，却成了你们逗乐的表情包。

　　我生活在深海区，身体缺少肌肉，也没有帮助上浮的鱼鳔，浑身由密度比水略小的凝胶状物质构成，这可以帮助我从海底浮起来。

　　我的身体早已适应了深海区的高压强，所以当我被人类从海底捞起时，由于外界压强变小，身体会逐渐膨胀，皮肤会渐渐脱落掉。最后，变成了十分丑陋的模样。而这个丑陋的样子，表示着我已经死亡。

　　不过，人类并非故意针对我。我的凝胶状的物质有毒，并不能吃，但因为我和龙虾等动物生活在同样的深度，所以连带着成了牺牲品。你们不杀伯仁，伯仁却因你们而死。这种忧伤，谁能懂得？

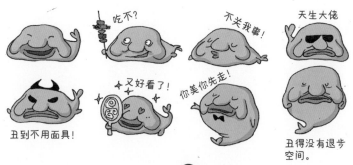

47

海马

昵称：海中骏马

海龙科
动物

　　海马的脖子弯曲，头像马的头一样，长长的嘴巴像一个长管一样。它游水的速度极其慢，却喜欢捕捉行动敏捷的桡足生物。虽然海马的长相奇特，但它是一条鱼。

海中骏马
我说我是一条鱼，你们不会有什么意见吧。

太平洋·东海

♡ 眼睛长一边，我叫不高兴，烈焰红唇，游泳的头

眼睛长一边：我两眼看了半天也没看出你哪儿像鱼。

我叫不高兴：没错，没一点像鱼的。我建议评选你做"最丑的鱼"，有人同意吗？

烈焰红唇：不同意，人家明明很好看。

海中骏马回复我叫不高兴：哈哈哈，你那点小心思谁不知道？

游泳的头：很好奇，你是怎么游泳的，是不是比我游得还慢。

长得像马，站着游泳，男士生娃，你见过这样的鱼吗？

海中骏马 动物有话说 1天前

　　终于轮到我出场啦。我是"海中骏马"，一条海马。正如我昨天发的朋友圈介绍的那样，我是一条鱼，只是因为长着弯曲的脖子，长长的嘴巴，看起来很像马，所以就叫海马啦。

　　骏马是跑得很快的马，但作为一条鱼我是游得最慢的鱼，再怎么努力，一分钟也就能游 1～3 米。因为身体构造的关系，和常见的鱼不同，我是站着游的。我长着小小的不容易观察到的背鳍和胸鳍，就依靠它们高频率摆动，缓慢前进和后退。因此，通常我用尾巴卷住海底的海藻，一生就在周围的一亩三分地活动，从不出远门。

　　地球上的动物，基本都是雌性生儿育女，但我们是海马爸爸们负责生育后代。海马爸爸到了生育期，肚子上就会长出"育儿袋"，海马妈妈会把卵产进海马爸爸的育儿袋中，接下来的孵化生育的事情就靠海马爸爸啦。经过两个月的时间，海马卵会孵化成小海马，然后就从海马爸爸的育儿袋中弹出来，开始过自己的生活啦。

生气胀肚子

@海洋医生 大夫在吗？我有点不舒服，请您给检查检查。

海洋医生

可以，提前挂号。

生气胀肚子

我挂明天下午的号还有吗？

海洋医生

明天的号没了。明天要给八爪鱼做一个手术，他的一个触手断了。

生气胀肚子

@八爪鱼 你怎么搞的？前几天你的触手就断过一次啦！

八爪鱼

前几天断的是其他的触手，这次的是新断的！真是无语！

生气胀肚子

啊？触手到底是怎么断的呀？

八爪鱼

这你得问他 @海中戏剧演员

海中戏剧演员

活该，谁让你欺负我 ！我都钻进海葵里了，你还要把触手伸进来。

八爪鱼

谁知道海葵会护着你呀？幸亏我当机立断弄断了一条触手，不然我命都保不住啦。

海中戏剧演员

我已经警告你了，是你不听，你怪谁呀！😒 再说，你去海洋里问问，谁不知道我和海葵的共生关系，他就是我的保护伞。

生气胀肚子

真可怜，以后八爪鱼就变成七爪鱼啦。但是医生，我的病也挺急的，你看能不能……

海洋医生

这样吧。明天中午你再联系我一下，我看情况决定。

海洋郎中

@生气胀肚子 你可以来我这里看呀，设备一流，技术也不比别人差。

生气胀肚子

是吗？以前还真没听说过你。

海洋医生

他？😮 他就是个江湖骗子，因为和我长得有点像，到处冒充我去给别人看病。其实根本就不是看病，而是害人。

海洋郎中

污蔑，你这是纯粹的污蔑。

海洋医生

什么污蔑？有多少病人去你那儿看病，结果越看越严重，最后不得不又来我这里。生气胀肚子，你最好别信他的。

生气胀肚子

没事，我就让他给我看。如果他胆敢骗人，我这一身的毒可不是好惹的。😎

海洋郎中

你一身毒啊？那你还是找别人看吧，有毒的我不敢吃……啊不，我不敢看！

章鱼

昵称：八爪鱼

章鱼是常见的海洋软体动物。它有一个头和八条腕，每条腕上都有吸盘。腕平时用于爬行，也可以借助腕的伸缩游泳。章鱼有很多本领，它可以变色，可以模仿其他的动物，遇到危险时，还可以喷出墨汁，趁机逃命。

八爪鱼

八爪鱼牌祛痘膏，必入！

用了它之后，你会发现痘痘瞬间一扫而空，再顽固的痘痘在它面前都脆弱得不堪一击。

挤出适量祛痘膏 — 在痘痘上抹一抹 — 痘痘去无踪。

太平洋·南海

♡ 生气胀肚子，海洋医生，海洋郎中，海中戏剧演员

生气胀肚子：真的这么灵吗？我身上的痘痘用了能祛除吗？

八爪鱼回复生气胀肚子：当然可以，看我的痘痘都祛干净了。

海洋医生：作为医生，负责任地说不可能存在这种药膏。

海洋郎中：作为郎中，负责任地说不可能存在这种药膏。

海洋医生回复海洋郎中：你老学我干什么，真讨厌！

海中戏剧演员：这种骗人的伎俩、拙劣的演技，还在我面前班门弄斧。

祛痘膏是不存在的，但祛痘是我的绝技

八爪鱼 动物有话说 1天前

　　我是"八爪鱼"，一条章鱼。昨天我在朋友圈推广了一款祛痘产品，结果被一些老朋友无情戳穿了。的确，那不是什么祛痘痘的灵药，但我有祛痘痘的绝技。

　　我的皮肤上长着很多"痘痘"——许多突起。每个突起下面都有两三种不同类型的肌肉。我能够自如控制这些肌肉，改变突起的粗细、大小和形状，瞬间就把这些痘痘祛除了，变得光滑如镜。当然了，我也可以让突起瞬间长出来，光滑的皮肤立刻就会长出痘痘。

　　是不是很吃惊？但这还算不了什么。我通过控制肌肉还能改变颜色和体型，成为一名伟大的"伪装大师"。

　　我的身体里有无数的色素细胞，当周围环境的颜色改变时，我就会第一时间，通过控制肌肉收缩和扩张色素细胞，不断调整身体的颜色，和周围的环境色趋于一致。

　　我们章鱼家族中有一个叫拟态章鱼的家伙，他通过控制肌肉能模仿至少15种其他动物的形状。它能在很短的时间变成海蛇、狮子鱼、比目鱼等动物，简直不可思议。

小丑鱼

昵称：海中戏剧演员

　　小丑鱼的身体是橘红色的，有 3 条白色的条纹，脸上的白色条纹让它看起来和小丑似的。虽然叫小丑鱼，但它一点都不丑，非常可爱。它虽然个子小，实力弱，但一点都不好惹，因为它和有毒的海葵共生在一起。

海中戏剧演员
明晚我们将在海葵中心举行一场戏剧演出，请朋友们前往观看。

太平洋·大堡礁

♡ 海洋医生，海洋郎中，八爪鱼，生气胀肚子

海洋医生：很想看，但海葵太危险啦。

海洋郎中：很想看，但海葵太危险啦。

海中戏剧演员：不危险，你们都来呀。

八爪鱼回复海中戏剧演员：怎么不危险，每当我变成海葵的样子，其他动物瞬间都吓跑了。

生气胀肚子：我这两天肚子胀，想去也去不成。

充满危险的地方，却是我的天堂

海中戏剧演员 动物有话说 3天前

诸位朋友们晚上好，我是"海中戏剧演员"，一条小丑鱼，学名眼斑双锯鱼。前两天我在海葵中心举办了一场戏剧演出，结果到场的观众寥寥无几。主要原因是大家都害怕海葵。

确实，海葵长着很多很多触手，还有毒，很多动物都视它为毒蛇猛兽，避之唯恐不及，但海葵是我亲密的好朋友。海葵中心那种危险的地方，简直就是我的天堂。

为什么我不怕海葵呢？这是因为我身上有一层特殊的黏液，可以保护我在海葵中安全自由生活。这层黏液并不是我的，而是来自海葵。小时候，我小心翼翼靠近海葵，从海葵有毒的触手上汲取它分泌的黏液。当黏液涂满全身后，我就可以在海葵中自由出入了。如果把我身上这层黏液去掉，海葵就不认得我这位朋友了，同样会攻击我。

当然了，和海葵做朋友，对我俩都有好处。海葵可以保护我，同时捕捉到食物还可以分给我一些。我可以帮助海葵吸引其他鱼类靠近，增加海葵捕食的机会，还可以帮海葵去除寄生虫和坏死的组织。

当然，这一切的前提是我身上必须涂满海葵的黏液。

裂唇鱼

昵称：海洋医生

裂唇鱼的背部是浅褐色的，腹部是白色的，中间有一条黑色条纹从吻部延伸到尾部。它喜欢在珊瑚区活动，喜欢吃其他鱼身上的寄生虫、残渣，有"鱼医生"的美称。很多鱼都会找它定期清理身体，再凶猛的鱼在它面前都会变得非常温顺。

海洋医生

朋友们，你们是不是有很多问号……

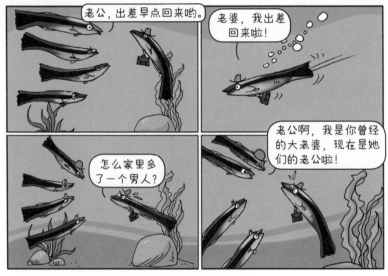

太平洋 · 大堡礁

♡ 海洋郎中，生气胀肚子，八爪鱼，海中戏剧演员

海洋郎中：我的天啊，这是一个多么悲伤又怪异的故事呀！

海洋医生回复海洋郎中：别装腔作势。

生气胀肚子：啥意思？你是哪个？

海洋医生回复生气胀肚子：我之前是别人的老婆，现在是别人的老公。

八爪鱼：好家伙，这么大的变化连我都自叹不如，自叹不如啊！

海中戏剧演员：这扑朔迷离的剧情，连我都不敢这么演呀。

海洋医生回复海中戏剧演员：大姐，咱俩谁也别笑话谁。

作为医术精湛的医生，偶尔变个性别也不奇怪

海洋医生　动物有话说　30 分钟前

朋友们好，我是"海洋医生"，一条雄性裂唇鱼。

我们裂唇鱼是海洋中有名的"鱼医生"，能帮助其他大型鱼清理寄生虫和污垢。其他大型鱼一旦觉得身体不舒服就会来找我们看病，他们会主动张开嘴巴和鳃盖，任由我们自由出入帮忙清理。再凶猛的家伙，在我们面前也表现得非常温顺，甚至有的会主动充当我们的保护者。

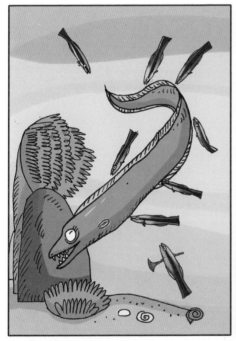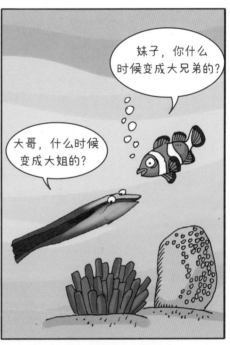

我们不仅医术精湛，而且还有一个特殊的本领：变性。

我们裂唇鱼是一夫多妻制，一个家庭通常有一个裂唇鱼老公和多个裂唇鱼妻子组成。如果裂唇鱼老公死亡或者失踪，众多裂唇鱼妻子中最强壮的那个就会变性，变成雄性，而且会成为家庭中新任的老公。我就是这样变成别人的老公的。

偷偷告诉你们，那个"海中戏剧演员"也会变性。他们的家庭由一条雌鱼、一条雄鱼和一些不分性别的鱼组成。雌鱼是家庭的家长，如果她身亡后，雄鱼会变成雌鱼，其他鱼中个头最大的那条会变成雄鱼。

之前我发朋友圈她还笑话我，其实谁不知道谁呀。

三带盾齿鳚 wèi

昵称：海洋郎中

　　三带盾齿鳚长得和裂唇鱼几乎一模一样，还会模仿裂唇鱼的游泳姿势。它这么做的目的，是想"非法行医"，让其他鱼类误认为它是"鱼医生"，来找它帮忙清理身体。但它是个地道的江湖骗子。

海洋郎中

我的私人诊所今日正式成立了，欢迎各位身体抱恙的朋友前来就诊。
求扩散，求推荐。

太平洋·热带海域

♡ 海洋医生，八爪鱼，海中戏剧演员，生气胀肚子

海洋医生：不要脸，你会医术吗？学我的样子招摇撞骗，非法行医。

八爪鱼：你这个江湖郎中，上次找你看病，结果没看好。谁敢帮你推荐呀。

海洋郎中回复八爪鱼：你找我看过病吗 😵？你是不是记错啦！

海中戏剧演员：我看你别行医了，干脆改行做演员吧。

生气胀肚子：我一生气就肚子胀，能看吗？

海洋郎中回复生气胀肚子：这个……我看你还是找海洋医生去看吧。

这辈子都不会治病，让我治只能越治越病

海洋郎中 动物有话说 4天前

　　各位海中的父老乡亲、兄弟姐妹好，我是"海洋郎中"，一条三带盾齿鳚。不知道哪位朋友举报我非法行医，海洋公安对我进行了严肃的训诫。我呢，就借此机会将我的问题认真严肃地跟大家做个汇报。

　　大家都知道"海洋医生"，而我叫"海洋郎中"，我们两个不仅名字类似，就连外貌长得也非常像。不仔细看，很难将我们区分开。但我们俩的性格差得十万八千里。

　　"海洋医生"裂唇鱼治病救鱼，性格温顺，和很多鱼都是很好的朋友。而我呢，凭着和裂唇鱼相似的外表，模仿裂唇鱼游泳的姿态，装作裂唇鱼的样子躲避天敌的攻击。

　　当然，我还会趁机学着裂唇鱼那样接近其他鱼。他们中有很多会把我错认为是来医病的裂唇鱼，就会放松警惕。这时，我就会趁机从他们身上撕下一块肉，然后逃之夭夭。所以，来找我治病的鱼，只能越治越病。甚至有一些鱼在我这里吃过亏变得异常敏感，连真正的医生裂唇鱼也会受到他们的攻击。

　　虽然伤害了诸位，我也知道错了，但我知错不能改，因为这是我的生存方式。

59

河鲀 tún

昵称：生气胀肚子

　　河鲀是一个大家族，有118种，大部分生活在海洋中，只有少数几种生活在淡水里。河鲀味道鲜美，是一道名肴，但是吃河鲀是需要巨大勇气的。你知道为什么吗？

 ## 生气胀肚子
听口令！一二三，生气！

太平洋·东海

♡ 海洋郎中，海洋医生，八爪鱼，海中戏剧演员

海洋郎中：不是让你找 @海洋医生 看病了吗？

海洋医生：滚 😡，他这不是病，看什么看！

八爪鱼：哪有生病还这么可爱的。

生气胀肚子回复八爪鱼：我这是生气！

海中戏剧演员：我们剧场需要一个大肚子特型演员，你要不要考虑考虑。

惹我，我就胀肚子；再惹我，就放毒；还惹我，就同归于尽

生气胀肚子　动物有话说　1天前

　　大家好，我是"生气胀肚子"，一条河鲀。虽然我叫河鲀，但我主要生活在海洋中，只是每年会游到淡水河中产卵，所以被人称为河鲀。

　　我游泳的速度比较慢，体格也不够大，所以有不少敌人打我主意。为此，我会采取三个步骤来对付他们。

　　第一步：胀肚子

　　遇到了危险，我首先会大量吸入水或者空气，让自己的身体鼓胀起来，变得像个圆球一样。一方面可以吓唬对手，一方面对手想吞下我这个大圆球非常困难，只得放弃。

　　第二步：放毒

　　如果胀肚子不能令敌人后退，那么我就使用化学武器——放毒。我的身体里布满了河鲀毒素，这种毒素是我吃有毒的藻类和贝壳，将它们的毒素储存在身体里转变成的秘密武器。如果有敌人靠近我，我就会放出毒素将其毒翻，非常厉害。

　　第三布：同归于尽

　　如果我受到了严重的威胁，或者情绪过于激动，我就会大量排放河鲀毒素。这时候，就算是我自己也承受不了这种剧毒，会一并被毒死。

　　所以，当我生气胀起肚子时，你们就应该知难而退了。毕竟，我狠起来连自己的命都可以不要。

图书在版编目（CIP）数据

如果动物也有朋友圈：全4册 / 知舟著 . —— 北京：
北京理工大学出版社，2022.7
　ISBN 978-7-5763-0942-3

　Ⅰ . ①如… Ⅱ . ①知… Ⅲ . ①动物 - 儿童读物 Ⅳ .
① Q95-49

　中国版本图书馆 CIP 数据核字 (2022) 第 027540 号

出版发行 / 北京理工大学出版社有限责任公司
社　　址 / 北京市海淀区中关村南大街 5 号
邮　　编 / 100081
电　　话 /（010）68914775（总编室）
　　　　　（010）82562903（教材售后服务热线）
　　　　　（010）68944723（其他图书服务热线）
网　　址 / http://www.bitpress.com.cn
经　　销 / 全国各地新华书店
印　　刷 / 雅迪云印（大津）科技有限公司　　　　策划编辑 / 张艳茹
开　　本 / 710 毫米 ×1000 毫米　1/16　　　　　责任编辑 / 申玉琴
印　　张 / 16　　　　　　　　　　　　　　　　文案编辑 / 申玉琴
字　　数 / 276 千字　　　　　　　　　　　　　责任校对 / 周瑞红
版　　次 / 2022 年 7 月第 1 版　2022 年 7 月第 1 次印刷　责任印制 / 施胜娟
定　　价 / 238.00 元（全 4 册）　　　　　　　排版设计 / 杨雅冰